实践篇

成为自然探险家

科学家带你玩转大自然

石探记科学家团队 著

白木方舟童书 绘

GUANGXI NORMAL UNIVERSITY PRESS
广西师范大学出版社
·桂林·

能生活在地球上，
实在是一件值得高兴的事情。
这颗已经 46 亿岁"高龄"的蔚蓝
色星球，以其得天独厚的自然条件，
孕育了无数的生命。我们生于斯、
长于斯，与地球"母亲"的其他"孩
子"一起，共同享受着这颗
星球的恩泽。

序

对于大部分人来说，人生最美好的童年回忆，都发生在大自然中。大自然就像我们最喜爱的游乐场，给予了我们太多好玩的内容。下河摸虾，上树抓虫，也成了我们永不磨灭的美好记忆。大自然又像我们的老师，毫无保留地把一切都呈现出来，引导我们直观地观察各种自然现象，从而发现其中的自然规律和科学奥秘，最终更好地发展自己的文明。

而现在这位重要的老师，却离我们的孩子越来越远。随着经济的发展和城市化进程的加快，当今城市里的孩子几乎成了"笼中鸟"，缺乏户外活动。有数据显示，我国青少年平均每天的户外活动时间不足 1 小时，由此导致很多孩子不仅身体素质每况愈下，还出现了注意力不集中、缺乏活力和存在沟通障碍等问题。这些"病情"被统称为"自然缺失症"，究其原因，很重要的一点就是大自然在孩子成长中的缺席。

为了将孩子们重新带回大自然，在过去的 10 年里，石探记科学家团队不断研究开发针对青少年的自然科学教育产品。在北京、成都等城市设立科学体验中心，长期组织线下科学教育活动。开发国内外数十条科考路线，带领上万名青少年走进大自然，把大自然这位老师重新请回孩子们的身边。现在，他们将自己的经验和课程汇总成书，主要针对城市里很少接触大自然的孩子，教会他们该如何认识、探索大自然。这套书分为认知篇和实践篇，集中介绍了 100 多种常见生物，涵盖动物、植物、真菌等，孩子们不仅可以通过这套书了解不同的自然场景里的生物，学习在大自然中探索不同生物的方法，还可以跟着科学家的脚步了解世界上的一些具有显著代表性的有趣地方。可以说，有了这套书，大多数孩子就可以自主学会用科学方式探索大自然，可以像科学家那样在大自然中发现不同的生物，为研究科学打下基础。

需要特别指出的是，我们鼓励孩子们在大自然中进行一些非保护类的无脊椎动物、植物及真菌的标本采集活动。标本作为生物学研究的基础材料，对自然科学领域多个学科的起源和发展起到了重要的推动作用，很多基于

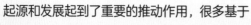

标本的科学发现已改变了人类对自身、环境的认知。对于青少年而言，接受这种科学启蒙，掌握科学的采集方法，就能更好地认知大自然、学习科学。当然，我们对采集对象也有严格的限制，首先，必须是非国家保护物种；其次，基于它的生物学习性，采集并不会对它的种群和数量产生影响（如大多数非保护的昆虫类，有相当一部分甚至是影响人类的害虫，而所有的鸟和哺乳动物都是不允许采集的）。对于初次探索大自然的孩子，最好能在父母的陪伴下，采用本书介绍的科学、专业的方式开始探究学习。

置身大自然中，孩子们能听到各种虫鸣鸟叫，那便是最初的音乐启蒙；当孩子们观察、记录并思考"蚂蚁如何找到自己的家"时，便是最佳的观察力、专注力的培养和锻炼；当孩子们在大自然中穿梭，跋山涉水、抓虫摸虾时，便是最佳的运动和体能训练；当孩子们记住森林里的复杂路线，与小伙伴一起探讨自然知识、解决实际问题时，他们的空间能力、科学逻辑能力、人际交往能力、语言能力便得到了充分锻炼。针对人类的智力潜能开发，哈佛大学的教授们提出了著名的多元智能理论。研究这一理论之后，我们惊讶地发现，只有大自然，才是多元智能唯一的全能"练兵场"。

也许在不久的将来，会有更多的孩子因为走进大自然，开始热爱科学，树立成为科学家的职业梦想。我们期待着。

中国科学院动物研究所

2022 年 3 月 30 日

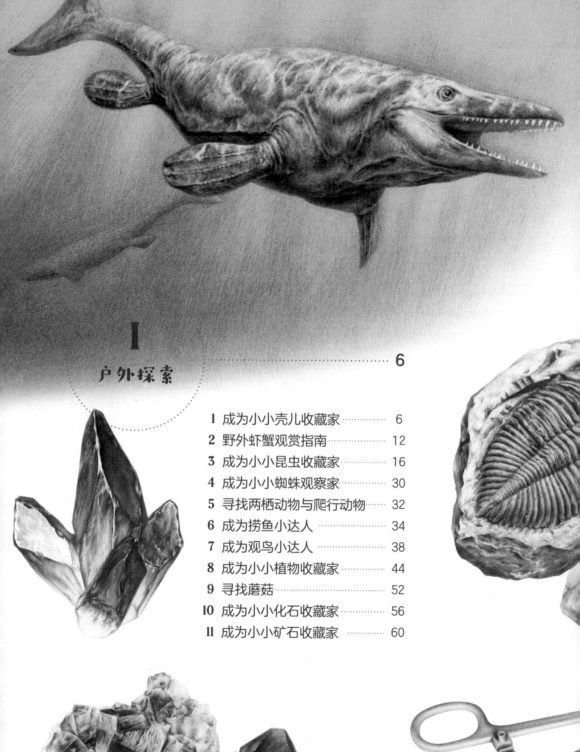

I

户外探索

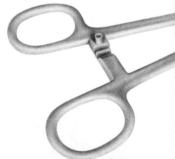

II
世界那么大，我想去看看 64

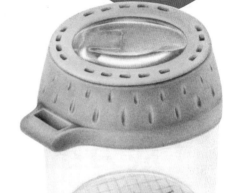

实践篇

嘎！嘎！嘎！

生活在繁华都市的人们，对自然有着渴望和向往。
山水天地间，有太多的秘密等着我们去发现。
让我们从现在开始，做好准备工作，一起去多姿多彩的户外探索吧！

1 成为小小壳儿收藏家

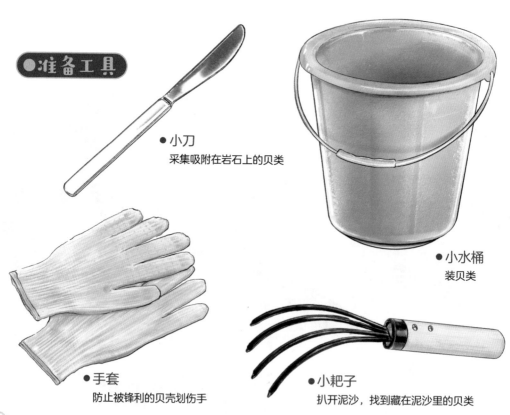

●准备工具

●小刀
采集吸附在岩石上的贝类

●小水桶
装贝类

●手套
防止被锋利的贝壳划伤手

●小耙子
扒开泥沙，找到藏在泥沙里的贝类

● 密封袋
易碎的贝壳需要单独封装，以免晃动时贝壳互相碰撞损坏

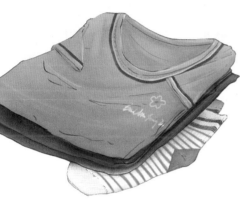

● 备用的衣物
赶海时衣服被弄湿，需要干净的衣服来替换

● 双肩包
贝壳较重，可以放在双肩背包里携带。这样我们还可以腾出双手采集标本

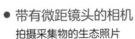

● 带有微距镜头的相机
拍摄采集物的生态照片

● 小铲子
挖掘泥下的贝类

● 厚底胶鞋
防止被海滩上的贝壳划伤脚底

● 出门去寻找

蜗牛

可以去老旧房屋外围墙壁下那些潮湿的地方寻找。在有砖块堆放或者青苔较多的地方，往往能发现不少蜗牛。

如果天气晴朗，周边环境很干燥，可以去树林中寻找。在岩石或者大朽木的下面，就能够发现一些蜗牛。

热带雨林地区环境潮湿，在树干或者树叶上就有一些树栖蜗牛在活动。

在喀斯特地貌区，可以在石灰岩壁潮湿的地方发现啃食石灰岩的蜗牛。

在野外拍摄记录蜗牛时，需要等蜗牛完全钻出壳，伸展触角，缓慢移动时再拍摄。也可以根据需要，从多个角度拍摄，以获得最独特的那张照片。

水贝

在潮间带的礁石上，我们能发现多种吸附在岩石上的海螺。在海边的淤泥和沙滩中，我们能挖到蛏子、蛤蜊等海贝。

对于淡水贝类，如螺蛳，可以去河流中水草茂密的地方寻找，或者用抄网从河底捞取。而河蚌则需要在河底用脚踩、手摸等方式寻找。如果河流干涸了，则可以直接到河床上挖掘。

提 示

下水一定要在成年人监护下进行。

拍摄礁石上的海螺、海贝时，可以采用拍摄蜗牛的方法，但是对于生活在水下的贝类、螺类，则需要用微型鱼缸模拟自然环境，加泥沙铺底，等它们钻出泥沙活动时再拍摄。

●制作标本

　　把蜗牛、螺类或者贝类采集回来后，需要剔除其软体组织，留下外壳和厣盖。剔除其软体组织，可以采用开水煮或者冰箱冷冻后解冻的方法。也可以使用腐烂法，把贝类埋入沙土，待其软体组织自然腐烂后洗净即可，这种方法的优点是剔除得更加干净，螺壳受损小，缺点是臭气熏天。

　　从野外采集回来的贝壳上面可能沾满了泥土、苔藓或者某些海洋生物。为了展现出贝壳本来的样子，需要先对贝壳进行清洁处理。泥垢可以用刷子来清理，但是如果是附着的海洋生物，如藤壶、牡蛎等，就需要用小凿子或是电刻笔来剔除。

　　如果需要进一步分解贝壳表面的有机物，如青苔等，可以将清理后的贝壳用84消毒液浸泡。

　　有壳皮的贝壳，则可以根据收藏的目的，选择清洗掉壳皮或者保留壳皮。

　　清理完毕的贝壳需要进行干燥处理。有些易裂的贝壳可以提前上油。

　　贝壳标本做好后，我们可以将其保存在网格状标本盒内，并将标本盒放置在阴暗的环境中，以免贝壳褪色。

●小凿子
剔除坚硬的附着物

●电刻笔
剔除坚硬的附着物

●油刷
上油

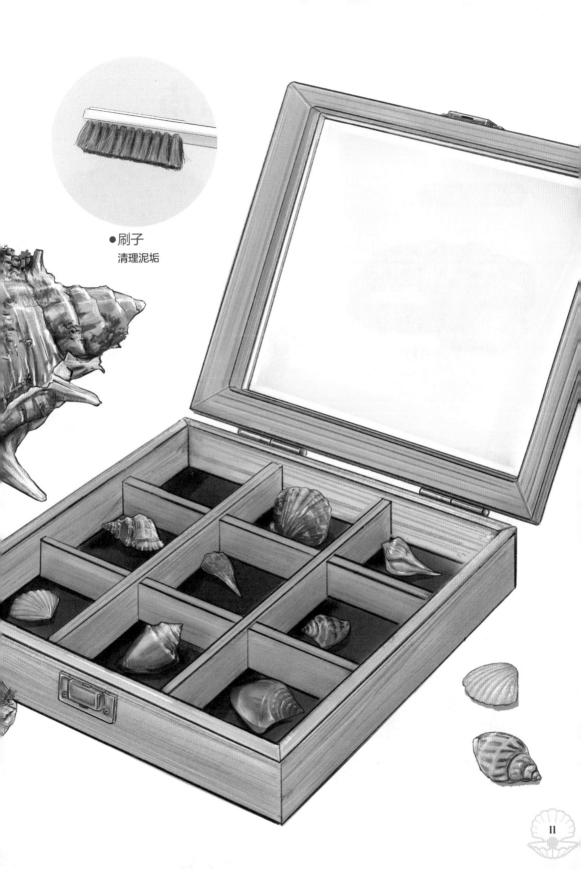

●刷子
清理泥垢

2 野外虾蟹观赏指南

●准备工具

● 带有长焦镜头的相机
拍照

● 漏勺
捞水生生物

● 头灯
夜间照明

● 水网
捞虾蟹

● 手套
防止螃蟹夹伤手指

● 望远镜
观察动物

●出门去寻找

海蟹 & 沙蟹

好不容易来一趟海边，却发现心心念念的螃蟹无处可寻？那你一定是找错了地方或用错了方法。

礁石滩是观察海蟹的最佳地点。在这里，你可以通过翻动石头找到躲在石头下方的蟹类。还有一些螃蟹，如黎明蟹类，退潮后会躲在沙滩的沙层底下。你可以使用筛网找到它们，或用水果、腐肉来引诱它们出洞。如果你有足够的耐心，你还可以在沙滩上挖个洞，放个水桶进去，做成陷阱来诱集那些喜欢"自投罗网"的家伙。

除礁石滩以外，红树林也是一处极佳的观察点。国内很多地方有设施齐全的红树林海滨公园。

小贴士 因为红树林的根系非常发达，所以如果你要到红树林下层观察，建议在成年人的监护下进行。

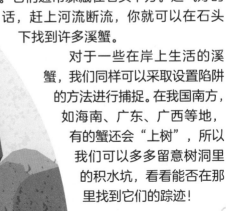

溪蟹

相比于海蟹来说，淡水蟹类就不那么容易找到了。

淡水蟹对生活环境的要求比较高，常生活在水质比较洁净的河水、溪流中。它们通常躲藏在石头下方。运气好的话，赶上河流断流，你就可以在石头下找到许多溪蟹。

对于一些在岸上生活的溪蟹，我们同样可以采取设置陷阱的方法进行捕捉。在我国南方，如海南、广东、广西等地，有的蟹还会"上树"，所以我们可以多多留意树洞里的积水坑，看看能否在那里找到它们的踪迹！

13

淡水虾

与采集螃蟹相反，采集淡水虾类比海洋虾类要容易得多。水草密集的地方是淡水虾主要的藏身之地。

要想抓到它们，徒手可不行，你需要一个得力的助手——水网。借助水网，你就能捞上一些米虾、沼虾。翻动石头，你还能发现躲藏在河床底部、石头缝隙间的螯虾类，如克氏原螯虾（俗称"小龙虾"）。小龙虾原本是大名鼎鼎的入侵生物，如今成为人们餐桌上的美食。

除此以外，你也许还听说过另外一种虾类捕捉方法——钓虾。这是一种小众但颇有乐趣的休闲活动，在我国南方，尤其是港台地区比较常见。钓虾的手法跟钓鱼差不多，用这种方法往往能钓上来个头比较大的沼虾和螯虾。

小龙虾

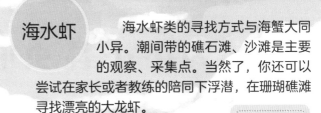

海水虾

海水虾类的寻找方式与海蟹大同小异。潮间带的礁石滩、沙滩是主要的观察、采集点。当然了，你还可以尝试在家长或者教练的陪同下浮潜，在珊瑚礁滩寻找漂亮的大龙虾。

一定要确保安全哦！

小贴士

野外捕捉的大多数虾蟹，不宜在室内人工条件下饲养。建议在观察后将其放生。

3 成为小小昆虫收藏家

 **●准备工具**

● 镊子或昆虫夹
夹取一些不宜用手直接抓获的昆虫

● 头灯
夜间照明

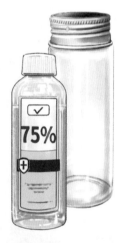

● 吸虫管
吸取体形较小的昆虫

● 毒瓶
广口瓶，内部放有含乙酸乙酯试剂的棉花球或纸团（能让昆虫快速昏厥，避免昆虫因挣扎而造成身体的关键部位损伤）

● 观察瓶
可随身携带，能放大昆虫身体结构的细节，以便观察

● 酒精瓶
浸泡昆虫，使之不会腐烂

小贴士
乙酸乙酯具有强烈的刺激性气味和较强的腐蚀性，切忌直接接触口鼻！请小朋友们在成年人的指导下使用。

小贴士
酒精具有挥发性和易燃性，应存放在阴凉及远离火源的地方，请小朋友们在成年人的指导下使用。

● 水网
捕捞水里的昆虫

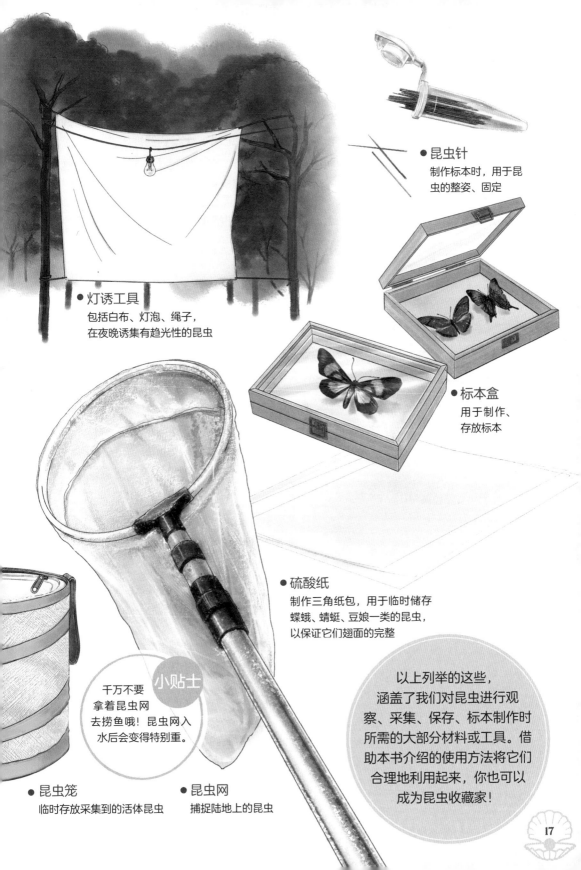

● 昆虫针
制作标本时，用于昆虫的整姿、固定

● 灯诱工具
包括白布、灯泡、绳子，在夜晚诱集有趋光性的昆虫

● 标本盒
用于制作、存放标本

● 硫酸纸
制作三角纸包，用于临时储存蝶蛾、蜻蜓、豆娘一类的昆虫，以保证它们翅面的完整

小贴士
千万不要拿着昆虫网去捞鱼哦！昆虫网入水后会变得特别重。

● 昆虫笼
临时存放采集到的活体昆虫

● 昆虫网
捕捉陆地上的昆虫

以上列举的这些，涵盖了我们对昆虫进行观察、采集、保存、标本制作时所需的大部分材料或工具。借助本书介绍的使用方法将它们合理地利用起来，你也可以成为昆虫收藏家！

●出门去寻找

观察
昆虫

昆虫的种类十分丰富，生活环境和习性有很大的差异，因此，我们要针对不同类群制订不同的搜索策略，并记录下观察到的现象。

对于在隐蔽处生活的昆虫，如天牛、吉丁虫、木蠹蛾、象甲和扁甲的幼虫，我们要多观察树皮、树干、枝条等。

要想寻找在地下生活的昆虫，如金龟子、地老虎幼虫、蝼蛄、金针虫的蛹或幼虫，我们需要挖一挖农田或苗圃里的土壤，尤其是植物根部周围的土壤。

隐藏在树干中的
天牛的**幼虫**

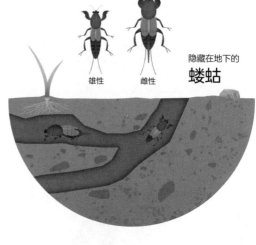

雄性　　雌性

隐藏在地下的
蝼蛄

蚜虫

飞行或跳跃能力较强的昆虫，如蝴蝶、蜻蜓、蚱蜢等，能够敏锐地感知外界的声响，因此需要花更多的时间去寻找它们。

水生昆虫，如龙虱、田鳖、龟蝽、负子蝽、水虿、石蚕等，观察难度较大，但研究水生昆虫的生活史对于监测水质有重要的意义。

许多昆虫和植物的关系密切：蚜虫吸食植物汁液，卷叶象甲藏在紧密的卷叶中，沫蝉幼虫在枝条上形成泡沫并藏身其中，螽斯会借助保护色

　和叶片融为一体……因此，学会观察和认识野外
的植物，也有利于我们寻找昆虫。
　　值得一提的是，有些昆虫之间
还会发生很多有趣的联系：
蚂蚁取食蚜虫分泌的蜜露，
同时保护蚜虫免遭瓢虫的捕
食；新鲜的动物尸体会吸引
不同的昆虫陆续造访，开始
是引来各种蝇类，后续渐渐有
食腐性甲虫……昆虫并不是独立
存活的，它们之间也有信息传递、
竞争打斗、互利共生等关系，值得
我们去发现、了解。

采集昆虫

我们要根据昆虫的习性选取合适的采集方法。昆虫的采集方法主要有网捕法、震落法、灯诱法、化学诱集法、夜探法等。

1 网捕法

网捕法是户外最常用的捕虫方法之一，可捕获能飞善跳的昆虫。

正在飞行的昆虫，可用昆虫网迎头一兜或从旁捕获。一旦昆虫落入网中，要及时堵住网口，即将网袋下部连虫带网翻到网框上。

取虫时，用一只手攥住网袋中部，另一只手将开盖的乙酸乙酯毒瓶伸入网内，把昆虫扣入瓶内，再拧好瓶盖即可。如果捕获到蝴蝶或蛾类，需要隔着网捏压其胸部，使之失去活动能力，再把它转移到三角纸包中。

生活在草丛和灌木丛中的昆虫，则可以使用 8 字扫网法边走边扫捕。这样一来，昆虫会连同部分碎枝叶全部集中到网底。将网底的昆虫仔细挑出来，再放入毒瓶或者昆虫观察瓶里即可。

小贴士

扫网可是一门大学问！你们在家里就可以练习。请爸爸妈妈与你一起进行一场"你抛我接"的游戏。游戏规则：爸爸妈妈向空中抛扔乒乓球，模拟正在飞行的昆虫。你负责用网接住它们。

乙酸乙酯毒瓶

2 震落法

在高大的树木上生活的昆虫，可用震落法进行捕捉。

在树下铺上震虫布，或者手持震虫网，再摇动或敲打树枝、树叶，将具有假死性的昆虫震落到震虫布上，随后将昆虫加以分类收集：将金龟子、象甲、叶甲、蜉等转移至毒瓶中；将蚜虫、蓟马等小型昆虫用小毛笔收集到酒精管中，也可以使用吸虫管来收集；对草蛉、螳螂等受惊起飞的昆虫，应及时挥网捕捉。

震虫布可以自己制作，也可以用雨伞或报纸替代。

3 灯诱法

许多夜行性昆虫具有趋光性。在昆虫活动最多的夏季，选择无风、闷热、无月光的夜晚进行灯诱，效果最好。

灯诱装置包含高压汞灯、诱虫幕布和电线。利用墙面、木桩或竹竿挂好一块诱虫幕布，将高压汞灯悬挂在幕布的前面，再接通电源。昆虫被诱来后，会停落在幕布上或幕布周围。这时候拿出提前准备好的毒瓶和三角纸包，就可以收集这些昆虫了。

野外采集期间，每天晚上都可以灯诱昆虫。阴天或小雨天也可以操作，只要将灯和幕布放好，也可以获得很好的效果。

三角纸包

4 化学诱集法

　　有些昆虫很喜欢发酵及有酒味的物质。要想诱集此类昆虫,可将白糖、醋、白酒、水混合起来,做成诱剂,分装到若干个杯子里,再将其埋在草丛中(杯口与地面齐平),这样简易的昆虫陷阱就制作好了。记得过几天来看看杯子里有哪些昆虫。

　　有些昆虫喜欢糖蜜类物质,如蝶蛾类喜欢吸食花蜜,甲虫和蝇类也常到花上或集聚在树干上取食含糖液体。我们可将水煮香蕉作为诱剂,涂抹于树皮、墙壁、地面上,观察造访的昆虫。诱剂的配方多样,可以用红糖、醋、白酒熬成的糖浆,也可以用啤酒或者蚕蛹浸出液。研究初期,我们可以遵照常用的配方来制作,之后可以自行配置。

　　有些昆虫喜欢腐肉,如葬甲、隐翅虫、阎甲等。对于此类昆虫,可以将一个杯子埋在土中,使杯口与地面齐平,然后在杯中放入腐肉进行诱集。

小贴士 结束诱集后,记得要把杯子全部回收哦!

5 夜探法

　　夜探法和灯诱法往往同时进行。灯诱法具有时效性,一般打开灯两小时后诱捕效果才明显。因此,在打开灯之后的这段时间,我们可以上山夜探,主动寻找夜行性昆虫。夜探所需装置并不复杂,头灯、毒瓶、三角纸包即可。

　　夜探时应尽量放慢脚步。夜间光线不足,需要仔细寻找。

拍摄昆虫

拍摄昆虫是户外探索时必不可少的一个环节，它可以帮助我们记录昆虫最自然、最真实的生活状态和形态特征。从野外采集回来的昆虫经长期放置后，往往会发生不同程度的褪色、变形，甚至是腐烂，所以最好的记录方式就是在自然条件下进行抓拍摄影。

拍摄昆虫生态照，单反相机是最常用的设备。

想拍好一张昆虫生态照，你需要遵循以下几个拍摄规则：

1 昆虫的关键部位的对焦要清晰，要能够清楚地反映出昆虫的特征。

2 昆虫的身体结构要完整。有条件时，可以从多个角度拍摄，这样可以更好地还原昆虫的整体结构。

3 拍摄动作一定要轻，由远及近慢慢靠近，以免惊扰昆虫，这一点对于拍摄具有飞行或跳跃能力的昆虫来说尤为重要。

4 尽量选择在白天天气晴朗的时候拍摄，此时的拍摄效果最佳。

5 如果环境过于黑暗，必要时你可以借助双头闪光灯对拍摄的昆虫进行补光。需要注意的是，由于有些昆虫的身体具有金属光泽，容易反光，拍摄它们时，你还需要添置一个柔光罩，以使光线更加柔和。如果没有柔光罩，你也可以将一张白纸或硫酸纸卷成一个圆筒，然后把它粘在闪光灯前，或立在被拍摄物前，一个简易的柔光罩就做好啦！

昆虫的保存

昆虫的保存方式多种多样。对于不同种类、不同形态的昆虫，只有使用相适应的保存工具和方法，才能保证其形态完整。

1　三角纸包

适用于存放蝴蝶、蛾类、蜻蜓、蚁蛉、大蚊等。
（学习用硫酸纸折一个三角纸包吧！）

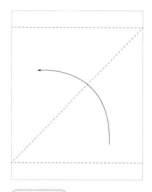

步骤①
准备一张长约 20 cm、宽约 15 cm 的硫酸纸。将一边上折，两边留出 2 cm 的边缘。

步骤②
将边缘折起来。

步骤③
再将边角折起来。三角纸包就做好了。

步骤④
放入昆虫标本。

2　乙酸乙酯毒瓶

用于存放鞘翅目（甲虫类）、膜翅目（蜂类）、直翅目（蝗虫、蟋蟀类）、半翅目（蝉类）等。对昆虫进行毒杀之后，需要尽快开始标本的制作，避免昆虫身体僵化。

3 酒精瓶

用于保存蚜虫及全变态昆虫的卵、幼虫、蛹等。酒精保存液的浓度最好高于 75%，最好是无水乙醇，可有效延缓遗传物质的降解速度。

4 昆虫收集盒 & 昆虫笼

我们可能会捕捉到一些体形较大或活动性强的昆虫，如巨齿蛉、螳螂、螽斯、大步甲、锹甲等。为了做进一步的行为学研究，可将其放入昆虫收集盒或昆虫笼，喂食观察。

●制作标本

针插
标本

取出昆虫针，扎在昆虫右翅肩部的位置（以甲虫为例），穿透它的身体。针帽距离虫体1cm左右。昆虫针与虫体平面要保持完全垂直，再把昆虫插在泡沫板上，使它的身体贴着泡沫板。

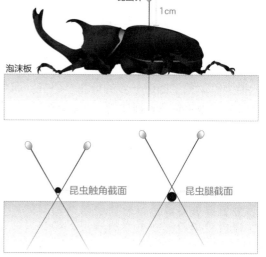

昆虫针
1cm
泡沫板
昆虫触角截面
昆虫腿截面

将昆虫前足向前，中后足向后加以固定。这里的固定不是把针插在昆虫的足上，而是将两针交叉下压，卡在足的旁边。注意！只有背上那根针是把昆虫扎透的，其他的针都不能破坏虫体。

昆虫针插标本在阴凉干燥处放置一周后，再轻轻拔出所有的足部固定针，仅留下背上的昆虫针，作为标本观察和存放的支撑点。

昆虫针插的部位因昆虫的种类而异，主要是为了避免针孔位置不当而损伤虫体中央部位的形态特征。如甲虫从右翅基部内侧插入，半翅目昆虫从中胸小盾片右侧垂直插入，鳞翅目和膜翅目的成虫从中胸中央插入，直翅目昆虫从前胸背板右面插入，双翅目昆虫从中胸中央偏右插入。

展翅
标本

取出一根粗细适宜的昆虫针，穿透昆虫的胸部（以蝴蝶为例），针帽距离虫体1cm左右。

将蝴蝶插在展翅板上，再将其身体卡进展翅板的沟槽内。

用镊子夹住前翅基部边缘，往蝴蝶前方提拉。调整到合适的位置时，用硫酸纸

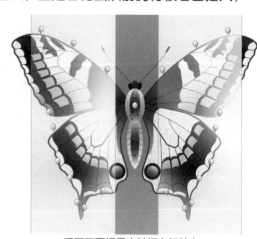

千万不要把昆虫针插在翅膀上！

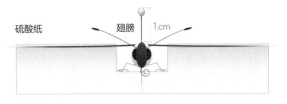

硫酸纸　　　翅膀　　　1 cm

压住这片翅膀，再沿着翅膀边缘插上昆虫针。用同样的方法把另一侧前翅也固定住，使其两片前翅的后缘成直线并与身体垂直。后翅保持自然舒展的状态，并固定住。

展翅标本在阴凉干燥处放置一周后，轻轻拔出翅膀周围的昆虫针，仅留下胸部的昆虫针，这是蝴蝶标本的基点。最后，取走硫酸纸，身体和翅膀的位置就固定住了。

蜻蜓类要以后翅的两前缘成一直线为准；蝶蛾类以两前翅后缘成直线并与身体垂直为准；蝇类和蜂类以前翅顶角与头顶在一直线上，再拨出后翅使左右对称为准。

小贴士

家里没有展翅板时，可以找一块大小适中的泡沫板，用小刀在泡沫板的中间抠出一条凹槽，这样一个简易的展翅板就做好啦！

11 mm

5 mm

三角纸片

粘贴标本

准备一张三角形的小硬纸片，用水溶性的胶水将昆虫右侧中胸部分粘贴在三角纸片的顶端，然后用昆虫针将三角纸片插起来固定。

为了便于后续进行形态学研究，最好粘两个虫体，一个背部朝上，一个腹部朝上，最后用昆虫针从三角形纸片底边靠里插入昆虫的身体，将昆虫固定到标本盒中。

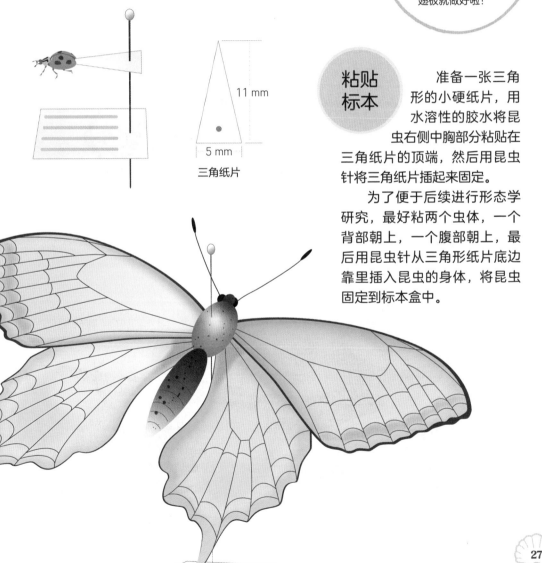

●昆虫的饲养

喜欢昆虫的小朋友应该都有饲养昆虫的打算或经历。常见的宠物昆虫种类十分丰富，比如螳螂、甲虫（主要是步甲和金龟类）、蚂蚁、蠡斯等。上述昆虫的人工饲养方法已经很成熟了。只要耐心、科学地饲养，它们会给我们的生活带来很多乐趣。

饲养甲虫

甲虫虽然看起来很凶，但实际上并不可怕，它们是一群种类繁多又充满魅力的生物。饲养甲虫十分考验耐心。从一粒卵到孵化出幼虫，再到化蛹，最后羽化为成虫，其间要经历 1~4 年不等的时间。常见的宠物甲虫有独角仙、彩虹锹甲、南洋大兜虫、长戟大兜虫、苏门答腊巨扁锹甲、巴拉望巨扁锹甲、大王花金龟等。我们要根据自己的能力，选择能够饲养的甲虫。

饲养甲虫的基本物料（以独角仙为例）包括饲养盒、腐殖土、攀爬木头、果冻台、花泥等。独角仙适应性强，饲养起来容易上手。我们可以把它当作入门的宠物甲虫，积累经验，以后再饲养难度较大的种类。

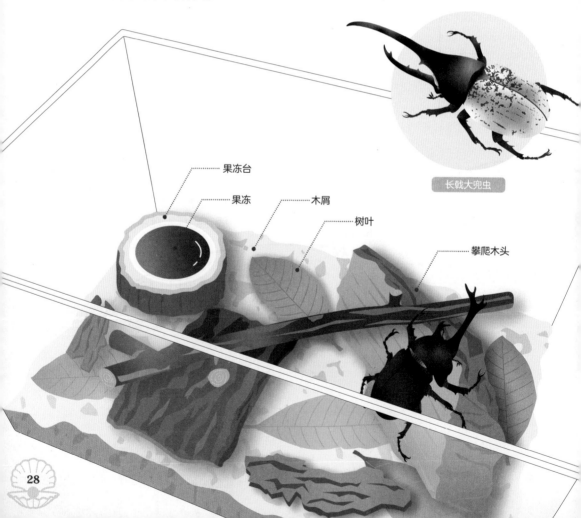

长戟大兜虫

果冻台

果冻

木屑

树叶

攀爬木头

大王花金龟

彩虹锹甲

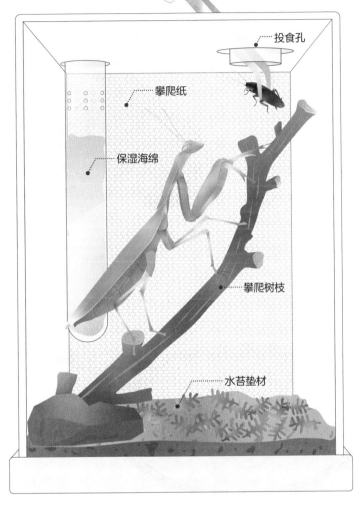

投食孔

攀爬纸

保湿海绵

攀爬树枝

水苔垫材

饲养螳螂

螳螂的体形比较纤细，若虫每日的生活需要主人照顾。建议新手先养四龄或以上的螳螂若虫。一般而言，雌螳螂个头较大，寿命长，胃口好。平价的螳螂有中华大刀螳、广腹螳螂、非洲芽翅螳螂、斧螳、优雅螳等。每只螳螂的性格不同，有的比较活泼，有的比较怕人。它们似乎通人性，对它们越好，就越与我们亲近，心情好的时候甚至还会表演"螳螂舞"。

饲养螳螂不需要太大的空间，基本物料包括饲养盒、攀爬纸、保湿海绵等。螳螂属于捕食性昆虫，喜欢捕捉活虫——樱桃蟑螂、杜比亚蟑螂、各种蝗虫和蟊斯等都是它们喜欢的捕食对象。

4 成为小小蜘蛛观察家

●准备工具

- 带有微距镜头的相机
  拍摄蜘蛛的形态细节

- 昆虫网
  采集叶子和花上的蜘蛛

- 杯子
  盛装诱剂（白糖、醋、白酒、水按 1:1:1:1 的比例制成诱剂，来诱集在地表活动的蜘蛛）

- 筛子
  过滤泥沙，采集土壤里面的蜘蛛

- **震虫布**
  采集隐藏在树上的蜘蛛

- **镊子**
  夹取蜘蛛。在野外，我们应
  尽量避免用手直接接触蜘蛛

- **小铲子**
  布置陷阱

- **饲养笼**
  临时存放采集到的蜘蛛，
  便于观察

●出门去寻找

　　蜘蛛的种类丰富，与人类的关系密切。远到郊外的田野、森林、溪流边，近到我们房屋的角落、花园的灌木丛中，只要我们留心观察，就一定能发现蜘蛛的身影。

　　如果在野外，蜘蛛的栖息环境与大部分昆虫类似。寻找蜘蛛主要采用观察法和震落法。观察法就是直接在野外细细寻找，不用任何采集工具（装虫子的容器除外）。主要通过在森林的树枝之间寻找蛛丝，跟随蛛丝寻找到蜘蛛。地面的蜘蛛喜欢躲藏在石块下，可以通过翻石头、翻朽木的方式找到它们。震落法是使用震虫布来采集蜘蛛，先在树枝下方放置一块白色震虫布，然后用手或者竹竿敲打震虫布上方的树枝，蜘蛛就会掉落在白色震虫布上。

5 寻找两栖动物与爬行动物

●准备工具

●带有长焦镜头的相机
拍照

●头灯或手电筒
夜晚照明

●望远镜
观察动物的
细节特征

●长筒雨靴
安全涉水

●出门去寻找

　　想观察两栖动物和爬行动物，需要先了解它们，如它们分布在哪些地区，栖息在什么样的环境中。只有了解了这些，制订好行动计划，才能增加与两栖动物和爬行动物相遇的概率。

寻找爬行动物

　　蜥蜴常见于庭院的墙体上、郊野的石块间、灌木丛旁边的草地上。它们行动迅速，在你靠近之前它们很有可能已经溜之大吉了。因此，想要凑近看清它们可不容易，你需要锻炼出一双能够分辨细微动静的耳朵。如果条件允许，你还可以用望远镜或带有长焦镜头的相机来观察或记录它们的样子。

　　大部分蛇的性格都是温和的，不会主动攻击人类。只有在感受到了危险，如被人类误踩或被恶意"戏弄"的时候，它们才会主动攻击。爬行动物中，会给我们带来潜在危险的就是毒蛇了。

32

安全起见，我们不建议你在无防护措施的情况下去人迹罕至的茂密丛林里探险，更不要在夜晚深入丛林。白天，最好也穿上长筒靴，将裤腿扎进去，与专业的人员一起进行户外探索。

你不幸被毒蛇咬到，一定要第一时间前往医院，最好能记下毒蛇的基本特征（如身体有无环纹、颜色、长度等）。这会帮助医生尽快确定毒蛇的种类，找出匹配的解毒血清。

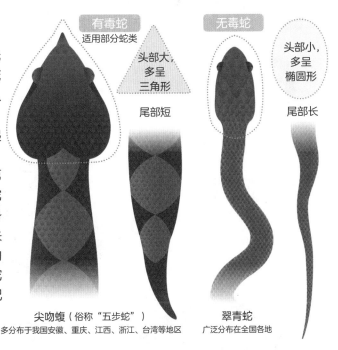

有毒蛇
适用部分蛇类

头部大，
多呈
三角形

尾部短

无毒蛇

头部小，
多呈
椭圆形

尾部长

尖吻蝮（俗称"五步蛇"）
多分布于我国安徽、重庆、江西、浙江、台湾等地区

翠青蛇
广泛分布在全国各地

寻找两栖动物

相比之下，寻找两栖动物就安全多了。有些种类的蟾蜍、蝾螈的皮肤表面会分泌毒性黏液。我们户外探索时，如果不小心让黏液进入眼睛或误食，有可能引发眼睛不适或恶心呕吐，所以还是要做好防护，小心谨慎。

在春、夏季夜晚的水塘边，我们总是能听见青蛙此起彼伏的叫声，这是它们正在呼唤心仪的异性。带上手电筒或戴上头灯，就可以循着声音去寻找它们啦！条件允许的话，你还可以带上望远镜仔细观察它们的样子。如果想抓住一只青蛙近距离观察的话，最好戴上手套并在观察完毕后及时洗手。

6 成为捞鱼小达人

●准备工具

● 涉水鞋
便于在水中行走

● 水网
捞鱼

● 太阳镜
防止水面反射的光灼伤眼睛

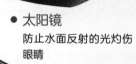

● 垂钓装备
钓鱼

● 饵料
吸引水中的鱼

● 水盆或水桶
临时存放捕捉到的鱼

出门去寻找

　　去水源附近观察、捕捞鱼类，能够给我们的户外探索带来很多乐趣。通常来说，如果你想观察或捕捞鱼类，不用特意去了解它们的习性，除非你想观察或者捕捞特定的鱼类。此外，你需要在出发前查看天气情况。最好选择一个晴朗且无风的日子，在这种天气下的浅水滩中更容易发现鱼类。

　　大部分情况下，我们很难直接在水面上发现鱼的踪迹。很多种类的鱼都非常机敏，而且善于伪装。当我们靠近时，它们会找一个隐蔽物躲起来或干脆直接"定住"，骗过我们的眼睛。此时，我们需要和它们来一场"一二三，木头人"的游戏。坚持住，不要动，静静地观察片刻，等到那些鱼以为"警报解除"开始活动的时候，就能果断下手了！

　　我们可以借助工具来捕捞鱼：如用饵料来吸引水中的鱼，然后迅速用水网进行捕捞；或者用垂钓装备来钓鱼，但这种方式相对耗时更久，是锻炼耐心的好方法。

　　尽管如此，我们能观察到的鱼类依然十分有限。有什么办法可以直接观察到那些生活在水底部的鱼呢？一个简单易行的方法就是去水族馆或鱼类市场开展鱼类调查。

●鱼类饲养

　　在饲养鱼类前，首先需要确认打算饲养的鱼是海水鱼还是淡水鱼，具体的种类，有无特殊需求以及它们是否属于保护动物。若打算饲养的鱼属于国家保护动物，就需要马上联系动物保护部门并把鱼交托给他们。

接下来你需要做的事情

准备鱼缸　　鱼缸空间的大小根据鱼的大小和数量来定。鱼的数量越多，个头越大，所需要的鱼缸空间就越大。此外，以最简单的鱼缸为例，至少需要搭配一个过滤系统。要定期清洗或者更换过滤网，定期清洗缸壁，定期换水。

淡水缸

布置鱼缸

不同类型的鱼在鱼缸的置景搭配上也不相同。淡水缸多以水草和山石为背景，呈现出的是满眼绿色的山水景象；而海水缸多以海葵为背景，呈现出的是五光十色的海底景象。

海水缸

7 成为观鸟小达人

●准备工具

● 双筒望远镜或单筒望远镜
观察鸟类特征需要用放大倍率为 8 倍或者 10 倍的望远镜

小贴士

不能用望远镜直接看太阳哦。

● 录音笔
记录鸟的叫声

● 笔记本
记录时间、地点、天气、鸟种等信息

● 鸟类图鉴
带在身边，用于辅助辨识鸟类

● 自封袋
装羽毛和鸟粪。捡回来的羽毛最好先用酒精浸泡，再将其晾干保存

● 带有长焦镜头的相机
拍摄鸟类生态照片

军绿色、深色的服装或迷彩服
这些衣服不易惊扰到鸟

小贴士

鸟对鲜
艳的颜色
很敏感。

●出门去寻找

鸟类和人类的关系非常密切，可以说是最容易观察到的野生动物之一。不过，在决定去野外观鸟之前，还是需要花一些心思去了解它们的分布地区，熟记它们的外形特征和生活习性。

比如，如果想观察一只白鹭，你需要前往水资源丰富的湿地、池塘，或者放干水的鱼塘。

头顶 ● 耳羽
眼先 ●
喉 ●

苍鹭（涉禽）

颈 ● 上背
肩羽

胸 ●
胁 ●
腹 ●

腿 ●

头顶 ● 耳羽
肩羽
喉 ● 上背
胸 ● 背
腰
胁 ●
腹 ●

后趾
内趾
外趾

画眉（鸣禽）

鸟的特征

我们在观察的时候，一定要注意观察羽毛的分布位置。例如：鸣禽的躯体分为头顶、耳羽、上背、肩羽、背、腰、喉、胸、腹、胁等；涉禽除了头顶、耳羽、眼先、喉、胸、腹、胁之外，还有颈、腿、后趾、外趾、内趾等。对于一些长得比较相像的鸟，就需要依靠细节来加以区分。如鸟类头部的羽毛标记就分为中央冠纹、侧冠纹、眉纹、眼圈、贯眼纹、颊纹、颊下纹、颚纹等。

中央冠纹
侧冠纹 ● 眼圈
眉纹 ●
贯眼纹 ●
颊纹 ●

颚纹
颊下纹

观鸟的准备

观鸟十分考验耐心。我们要保持安静，不要惊扰了它们。大部分鸟类，尤其是林鸟，都比较怕人，会和人类保持一定的距离。

双筒望远镜是观鸟必备的工具之一，一般选择放大倍率为 8 倍的即可。如果要观察距离较远的水鸟，就需要放大倍率更大的单筒望远镜了。观鸟之前，还需要准备可以录下鸟的叫声的设备。

观鸟时，最好穿暗色的衣服，并随身携带一本鸟类图鉴，以便在观察的时候分辨鸟的种类。

对辨识到的鸟要及时做好记录。回家后要及时撰写观鸟报告或者观鸟日志，把美好的经历详细地记录下来。

需要提醒的事项如下：不能驱赶、诱捕、饲养野生鸟类；在鸟类繁殖育雏时，不能靠近打扰，以免亲鸟因受惊吓而弃巢；发现珍稀鸟类或者它们的巢穴时，我们要避免泄露位置信息，免得被不法分子发现。

记笔记的几点要素

留鸟常年都待在同一个地方。有些鸟会在夏季到来的时候进行迁徙，或者进行垂直迁徙，或者进行长距离迁徙，它们被称为"夏候鸟"；而冬候鸟则会在冬天从北方向南方迁徙。全球有 8 条鸟类迁徙通道。它们在迁徙过程中停留觅食的地方，就是观鸟的热点地区。

这 8 条鸟类迁徙通道包括"大西洋"迁徙线、"黑海—地中海"迁徙线、"东亚—西非"迁徙线、"中亚"迁徙线、"东亚—澳大利亚"迁徙线、"美洲—太平洋"迁徙线、"美洲—密西西比"迁徙线和"美洲—大西洋"迁徙线。其中有 3 条经过我国境内，每年 9 ~ 10 月，候鸟从西伯利亚、内蒙古草原、华北平原等地起飞，沿东、中、西三路南迁。

观鸟时，应记录鸟栖息的生态环境、出现的时间与鸟的具体特征，如总体的颜色，显眼的标记或斑块，嘴、脚、尾等的颜色，飞行时的特殊形态，等等。鸟的叫声也需要记录下来。

另外，记录鸟的大小、形态非常重要。我们一般以麻雀的大小为参照物，来描述观察到的鸟的大小。

观鸟笔记的形式多种多样，可以选择自己喜欢和习惯使用的方式。如果你擅长画画，可以将当天的观鸟记录画出来；如果你擅长摄影，则可以用拍摄照片和视频的方式记录。

拍摄鸟

　　无论是在森林中观鸟还是在宽阔的湿地上观鸟，都需要拍摄鸟类的影像。在拍摄时，可以使用长焦数码相机，也可以在望远镜上架设手机转接器进行记录。

　　鸟的行动极其灵敏、迅捷，一定要有足够的耐心，等待它们出现。另外，还要熟悉拍摄设备的性能，这样才能拍到满意的照片。

　　单反机身加长焦镜头是目前广大观鸟爱好者常用的装备之一，不过价格比较高。另外一种长焦设备是长焦小数码相机。这种设备自带变焦功能，可以放大 60 倍，甚至 80 倍，便于携带，也是观鸟爱好者的常用设备。

　　另外，在单筒望远镜上架设手机转接器或者相机转接器，也不失为一种选择。有的单筒望远镜放大倍率可达 20 倍到 60 倍，甚至更大，成像效果非常清晰，也可以用它们记录影像资料。

●注意事项

　　在我国，野生鸟类是不能私自捕捉和饲养的。看起来很萌的猫头鹰，是国家二级保护动物。也不能私自把小麻雀关在笼子里饲养，因为它们属于"三有"保护动物（有重要生态、科学、社会价值的陆生野生动物）。可以饲养的主要是驯化过的鸟。

　　鸟类标本的制作步骤非常繁杂。我们不建议个人在家中制作鸟类标本，也不建议把在野外发现的鸟类尸体带回家，避免感染上禽流感、森林脑炎等人畜均可患上的疾病。

　　如果你刚好住在林木茂盛的公园附近或者拥有一个花园，那你可以用自然招引的方式来观察鸟。准备好鸟喜欢的食物，如玉米粒、小米、花生碎等，有条件的话还可以准备供鸟饮水和沐浴的水盆。在食物比较缺少的冬季，食物可能是有些鸟，尤其是林鸟比较喜欢的。时间长了，鸟就会与我们建立信任，乐于来享用这些食物。

8 成为小小植物收藏家

●准备工具　带去野外的工具

● 镊子
夹取物品

● 浮游生物网
采集浮游生物

● 细眼水网
捞取水中的绿藻

● 大号密封袋
存放采集到的植物

● 植物标本夹
放置植物标本，包括吸水纸、瓦楞纸、粗尼龙绳

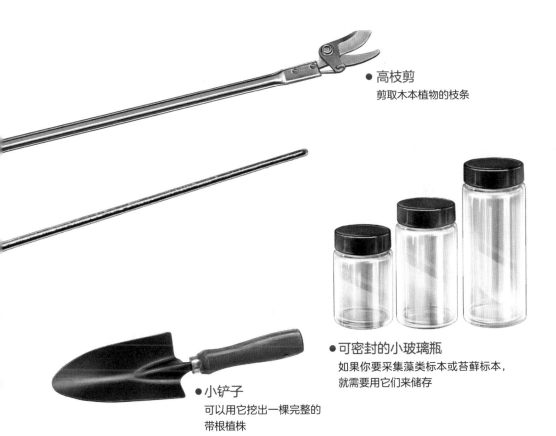

● 高枝剪
剪取木本植物的枝条

● 可密封的小玻璃瓶
如果你要采集藻类标本或苔藓标本，
就需要用它们来储存

● 小铲子
可以用它挖出一棵完整的
带根植株

在家中使用的工具

● 台纸
放置制作好的植物标本

● 针线
固定植物标本

● 相框或植物标本盒
存放制作好的植物标本

●出门去寻找

植物随处可见，它们不像动物那样会自行移动，所以观察的难度相对要小一些。

不过，如果你想观察的植物很稀有，那就要费一番功夫去寻找了。

探索植物的"最高境界"是花果俱全，但植物并不总是在开花结果。如果你没有赶上花期，那就观察植物的其他部分。

出门观察之前，最好是先查阅资料，或者向其他植物爱好者请教，了解所要观察的植物的分布范围、生长环境、生长期、繁殖期等，再制订自己的行动计划。

槭叶铁线莲

分布：北京西部山区。
生长环境：低山陡壁或土坡上。
花期：3月中旬~4月中旬。
果期：5月~6月。

如果你想找到美丽的槭叶铁线莲，可以在3月下旬，前往北京门头沟京西古道。你有可能会在那里的崖壁上发现它们。

采集
草本植物

植物有六大部分：根、茎、叶、花、果实、种子。这六大部分的特征保存得越完整越好。

选择一株正在开花结果的植物，用小铲子在根的周围一点儿一点儿地耐心挖掘，直到把土都挖走，露出完整的根。这时你就能得到一棵完整的植株了。

对于不太高的草本植物，我们可以尽量把它的根完整地挖出来。

采集绿藻

　　绿藻生长在水中。我们需要用细眼水网把它们从水里捞出来，或者用小铲子把它们从石头上刮下来，再用水把它们冲洗干净。

　　如果需要采集单细胞的浮游绿藻，就要用专门的浮游生物网。拿浮游生物网在水中多画几个"8"字，再用水把网底里的东西冲到收集瓶里。

我们无法将一整棵树装进自己的标本柜，但我们可以退而求其次，将它的枝条、叶子、花和果实制成标本。

尽量选择一根长的、正在开花结果的、叶片受损少的枝条，用枝剪把它剪断。

如果树很高，就要用到接在长杆子上的高枝剪。注意切口要剪成倾斜的，这样截面面积更大，便于我们对树枝的维管束进行观察。

无论是挖出了一棵草，还是剪下了一段树枝，都要把它放在大号密封袋里，封好口，带回住处及时处理，否则过不了多久它就蔫了。

采集到的木本植物

苔藓没有真正的根，它们依靠短且细的假根附着在岩石表面的浮土中或者树木的外皮上。我们可以用小铲子将它们铲下来，或者徒手将它们整片剥下。

采集苔藓

记得尽量选繁殖期的苔藓，此时的苔藓有长出来的孢蒴。

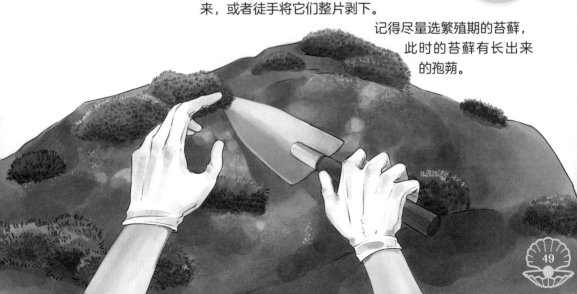

49

●制作标本

制作腊叶标本

腊叶标本是植物学家最常制作的标本类型。拿出白天采集到的新鲜植物。

小贴士
适用于种子植物、蕨类植物、苔藓植物。

如果它蔫了，就将切口／断口处先在水盆里泡一个小时左右，之后铺在吸水纸上。注意调整植物的姿态。

调整姿态时，用镊子摆放枝叶，让植物的茎、叶和花尽量舒展，不互相覆盖，使大部分叶子正面朝上。

有些植物的枝叶十分茂密，这时候就需要我们做一些修剪了。挑选并剪掉几片互相覆盖的叶子，要注意留下一小段叶柄，由此提醒标本的观看者，这里原本有一片叶子。花、果的剪修方法也是如此。

调整姿态和修剪工作完成后，再取一张吸水纸盖在植物上面，这就是一份标本了。完成若干份标本之后，将它们叠放在一起，用标本夹夹好，准备捆扎。如果一个标本夹里的标本份数很多，那就每 5 ~ 6 份为一组，上下再加一层瓦楞纸板，防止一些根茎又粗又硬的植物将整个标本夹里的植物挤变形。

捆扎是最后的，同时也是最关键的一步。你需要用力压住标本夹，用长尼龙绳将标本夹四个角的支点依次紧紧缠绕 3 ~ 4 圈，让绳子在标本夹的中间交叉一次，最后再将绳头打结固定好。

在标本夹能够承受的强度范围内，植物被捆扎得越紧，脱水就越快，标本制作效果就越好。做得好的腊叶标本可以完美保留植物花和叶的原色！

标本夹捆扎好之后，把它放在干燥通风、有太阳散射光的地方，然后等待 7 ~ 10 天。每 1 ~ 2 天更换一次吸水纸，可使标本干燥得更快。待植物彻底干燥，标本就制作完成了！如果希望长时间保存，可以再给标本刷上一层氯化汞溶液，但氯化汞有毒，刷完后需要在远离人群且干燥通风的房间放置一星期。

腊叶标本既是具有科学价值的收藏品，也是非常美的艺术品。标本做好后，你可以把它转移到台纸上，用针线固定好。记得在旁边贴上标签，写上它的名字、采集时间、采集地点和采集人。你可以将腊叶标本码放在植物标本盒里，还可以装进相框中，挂在墙上装饰你的家。记得放上樟脑球，防止蛀虫侵蚀。

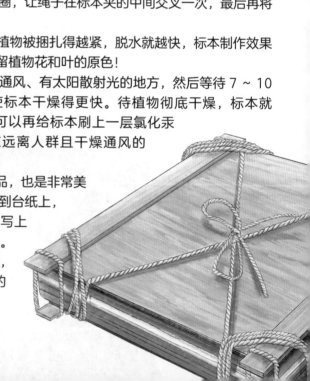

制作浸泡标本

绿藻的水分较多，如果做成腊叶标本，会萎缩得很厉害；苔藓太矮小，没法调整成舒展的姿态；被子植物的花和果，如果做成腊叶标本，标本夹会把它们压扁。对于此类植物，我们可以将其做成浸泡标本。

将采集到的植物清洗干净后（尤其要仔细清洗苔藓），用卫生纸大致吸干其表面的水分，就可以将它放进小玻璃瓶里，用 FAA 固定液泡起来了。FAA 固定液能够很好地保存植物的颜色、姿态和细胞结构。你可以找一个专门的收集盒，保存这些有趣的标本。

小贴士

适用于绿藻、苔藓植物、被子植物的花和果实。

注意！

FAA 固定液里含有甲醛成分。请小朋友们在专业人士的指导下使用，用完后需要第一时间封口。不要让皮肤接触到它，也不要去闻它的气味。

9 寻找蘑菇

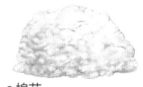

● 棉花
可以给柔软易碎的蘑菇做
一件舒适的防震"外套"

● 准备工具

● 小刀
挖掘蘑菇

● 手套
避免手直接触摸到毒蘑菇

● 塑料盒
存放一些珍稀易碎的蘑菇

● 运动鞋
登山专用

● 酒精
用于浸泡蘑菇

● 相机
拍摄鲜蘑菇的形态和颜色，
因为浸泡或干燥会使蘑菇标
本在形态和颜色上与鲜蘑菇
相比出现较大的不同

● 毛笔
清理蘑菇根部的泥土

● 小铲子、小锯子
挖取和采集地面上、树干
上的蘑菇

● 篮子或竹篓
存放蘑菇，避免蘑菇因遭受挤压而变形、损坏

- 密封袋
  单独保存那些较为脆弱的
  蘑菇

- 白纸
  可折成纸袋单独保存蘑菇

●出门去寻找

寻找蘑菇

蘑菇大多喜欢潮湿、有朽木的地方，所以我们最好去森林里寻找。

伞菌类喜欢生长在大树根部、腐殖土较厚的地方。

多孔菌，如木耳，则喜欢生长在枯死的树干的背阴面。

草原上也有不少蘑菇。在草丛较密、地面潮湿的地方，经常能找到口蘑、草菇等。另外，牛粪也是蘑菇最爱的营养品，牛粪上及牛粪周围往往长着很多蘑菇。

雨后天晴后，最适合去寻找蘑菇。

采集及保存蘑菇

不要将采集到的蘑菇随意地堆放在一起。

柔软易碎的蘑菇需要单独放置在纸袋或塑料盒中，甚至还需要在纸袋或塑料盒中铺垫棉花等防震材料保护它们。

在采集蘑菇时，我们最好戴上医用手套，避免直接接触蘑菇，因为有些蘑菇是有毒的。采集时，尽量从根部摘取。不要接触蘑菇的表面，防止蘑菇变色。

警告！

不要随意食用在野外采集的蘑菇。有些蘑菇的毒性非常强。每年都有很多人因为食用了有毒的蘑菇而死亡。

●制作标本

　　蘑菇标本的制作方法比较多，主要有浸泡标本、干制标本和孢子印标本。

　　对于一些柔软易碎的蘑菇，我们可以把它们做成浸泡标本，但是需要根据蘑菇种类选择合适的保存液。

　　对于一些致密坚硬的蘑菇，如灵芝类，可以直接晾干保存，做成干制标本。我们还可以将蘑菇制作成孢子印标本。

　　标本制作完成后，再选择相应的保存形式。浸泡标本需要保存在玻璃管或者酒精瓶中，还要将瓶口密封起来，避免酒精挥发，再在瓶子上贴上标签，排列存放。干燥的蘑菇标本则与贝壳、昆虫等标本的保存方法类似，放于标本盒中保存。孢子印则保存在纸张上，小心地粘上一层宽透明胶带用以塑封，贴上标签，层层叠放保存。

孢子印

10 成为小小化石收藏家

●准备工具

手套
防止岩石边缘划伤手

●白乳胶
兑水稀释后涂抹在化石表面，
防止化石风化碎裂

●502 胶水
挖掘出来的化石难免会出现破
损，可用 502 胶水将破损的地
方粘好，保证化石的完整

●地质锤
挖掘化石的利器

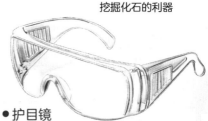

●护目镜
防止砸岩石时被飞溅的碎石伤到眼睛

●地质放大镜
观察微小的化石

●小凿子
凿石头

●小毛笔
清理化石表面的灰尘和泥土

● 密封袋
存放珍稀或者品相好的小块化石

● 结实耐用的袋子
存放化石，袋子必须禁得住化石
的重量和岩石锋利的边缘

● 运动鞋
登山专用

● 双肩背包
化石和地质锤较重，最好放在双肩
背包内携带

● 报纸
包裹化石

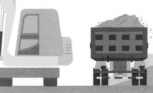

出门去寻找

寻找页岩化石产地

　　想要寻找化石，最好是去山体边缘，或者是去修路、修建建筑物的工地寻找挖掘出的岩石。仔细观察岩石剖面处，如果岩石剖面呈现出一层层书页状的清晰结构，那么就有可能找到化石。

　　岩石剖面上不同分层的颜色也不一样。如果看到了深色或青灰色的条带，找到化石的概率会更高。

　　我们还可以通过查阅地质资料来寻找化石产地。到达化石产地后，先通过当地人了解更多的情况，可能会获得事半功倍的效果。

化石的挖掘及保存

挖掘化石会消耗大量的体力。平时我们可以适当地锻炼手臂的力量，这会让我们在挖掘化石时更加轻松。

在挖掘化石的过程中，一定要仔细观察。一旦发现化石，就要减缓速度，减弱力度，避免损坏化石。

化石挖出来后，应先注意观察化石有无破损，如果有破损，就要及时用胶水粘好，防止破碎的部分掉落缺失。有些化石的质地比较松软，容易磨损，因此要用报纸或者泡沫垫包裹住，再堆叠存放。

如果挖出的岩块中露出了一部分化石，而且岩块不重，就不要当场把化石完全挖出来，因为野外条件比较简陋，可能会损坏化石。这种情况下，最好连同岩块一起带回，再做处理。

11 成为小小矿石收藏家

●准备工具

● 草帽
避免被太阳晒伤

● 手套
防止被矿石边缘划伤手

● 笔记本
记录地点，绘制岩层、矿石外貌

● 铅笔、硫酸纸和橡皮擦
描绘矿石的形状和结构

● 结实耐用的布袋
存放矿石

●10 倍放大镜
观察岩石中的矿物

● 运动鞋
登山专用

● 报纸或密封袋
包裹或单独存放矿石

● 凿子
凿开岩缝中的矿石

● 地质锤
凿开矿石，或是将大块的矿石
分解成小块，以便携带

●出门去寻找

　　矿物虽然多见，但它们大多数呈极细的颗粒状，很难识别。如果想采集一些个体较大，或矿物相对富集的矿石标本，就要选择合适的场所。

实用的小技巧

1 多留意岩石中的天然裂缝和孔穴，特别是白色矿脉中的裂缝和孔穴。

2 在矿山的矿坑、矿井或废石堆中极有可能找到被遗漏的矿石。

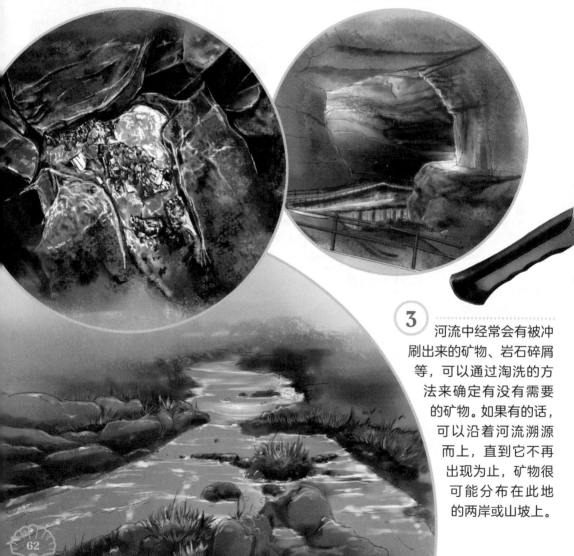

3 河流中经常会有被冲刷出来的矿物、岩石碎屑等，可以通过淘洗的方法来确定有没有需要的矿物。如果有的话，可以沿着河流溯源而上，直到它不再出现为止，矿物很可能分布在此地的两岸或山坡上。

观察

观察矿物其实非常简单，只需要一个放大镜就可以。我们要重点观察矿物的晶体形状、晶体生长方向、晶体颜色等，必要的话还可以用小刀在矿物不起眼的位置稍微划一下，感受它们的硬度，从而判断这是哪种矿物。

采集

采集样本的时候，应先观察采集地点上方的岩石是否稳固，有没有因敲打而掉下来的可能。确认安全后，掏出地质锤"叮叮咣咣"就可以了。用地质锤的方头敲下一块矿石，再用扁头修去其棱角和多余的部分。通常采集标本的尺寸为 3cm×6cm×9cm。可以根据实际情况灵活地调整大小。标本上至少要有两个清晰的新鲜面，尽量把风化的表层剥掉。

标本采集下来之后应做编号，同时在笔记本上记录下采集地点、分布特点、周围岩石的特征等。最好能画一张采集点的素描图。最好用铅笔而不是钢笔、碳素笔记录，以避免记录本被雨淋湿后，看不清字迹。

采下的矿石需要立即放入密封袋，也可以用报纸将矿石包裹起来，再装进布袋。

跟我一起去看看吧！

① 古北区
② 东洋区
③ 热带区
④ 新北区
⑤ 新热带区
⑥ 澳洲区

世界动物地理分区

①
②
③

细心的你可能已经发现，大洋洲大陆和南美洲大陆上都生活着许多神奇的有袋类哺乳动物，而我们却难以在亚洲大地上寻找到它们的踪迹。这是为什么呢？

实际上，地球上陆地的格局并不是一成不变的。在漫长的时间里，这些陆地经历了多次分裂、碰撞、融合的过程。只是这个过程非常缓慢，人类在短暂的一生中根本就感觉不到它们的变化。

在远古的寒武纪时期，地球上只有一块完整的陆地，四周被汪洋大海包围。随着时间的推移，大陆逐渐分裂成一块块大小不一、形状不规则的板块。它们在海洋中慢慢地漂移，两个板块相遇时，碰撞随之而来，而后可能会形成隆起的高山，或者形成深深的海沟。

地球板块不断漂移、融合，生活在上面的生物物种也会发生变化。研究生物遗传演化、地理和生态关系的学科就是生物地理学。生物地理学为我们开展野外考察、分析物种演化规律提供了重要的理论依据。

科学家们根据动植物种类的分布特征，将大陆板块分成了六大区系：古北区、东洋区、热带区、新北区、新热带区、澳洲区。不同区系分布着不同类群的生物。此外，还有很多未知的领域在等待我们去探索。

1 马达加斯加

约 1.6 亿年前，有一块陆地悄悄离开了广袤的非洲大陆，漂浮在浩瀚的印度洋上。由于长期的地理隔离，无数在世界其他地方无法见到的奇特动植物都生活在这座孤岛上，这里就是马达加斯加。

●明星物种

金色曼蛙　　金色曼蛙是马达加斯加的特有物种，也是当地正面临着生存威胁的蛙类之一。它们体色鲜艳，外形酷似南美洲的金色箭毒蛙。它们的皮肤可以分泌毒液，但是毒性比箭毒蛙弱得多。金色曼蛙鲜艳的体色是警戒色，警告潜在的猎食者不要靠近！

变色龙

　　变色龙是非洲大陆及马达加斯加特有的一类树栖爬行动物。动眼、吐舌和变色是变色龙的三大绝活。

　　变色龙的两只眼睛可以 360° 旋转，且互不影响，也就是说，它们可以用一只眼睛紧盯着猎物，用另一只眼睛寻找新目标。有了这项绝活，它们可以更好地捕食并及时发现身边的危险。

　　变色龙虽然行动十分迟缓，舌头却灵活得很。捕食时，它们的舌头会像闪电一样从嘴巴里伸出，在短短的 70 毫秒内可以伸长至身体长度的两倍。

变色龙为什么要变色？

　　很多人都以为变色龙的颜色会随着周围环境的改变而改变，只是为了隐藏自己，但其实有的时候，它们也会通过变色来体现自己的情绪变化。如高冠变色龙，在平静的时候，体色为绿色；紧张的时候，身体上就会出现密密麻麻的深色斑点。

阿尔弗雷德·拉塞尔·华莱士

（1823 年 1 月 8 日—1913 年 11 月 7 日）

英国博物学家、探险家、地理学家、人类学家与生物学家。创立了"自然选择"理论，代表作品为《马来群岛》。

2 重走华莱士的创新之路

马来群岛位于太平洋和印度洋之间，处于两大地理区系——东洋区与澳洲区的交界处。这里同时拥有亚洲及澳大利亚的许多特有生物，如大花草、犀鸟、天堂鸟等。独特的地理位置和气候，造就了它丰富多样的自然资源。1854 年，英国著名博物学家华莱士在这里开展了为期 8 年多的科考活动，收集了大量昆虫、贝类、爬行动物、鸟类和哺乳动物的标本，发现了数千个新物种。

●明星物种

大花草

俗名"大王花"，生活在东南亚的热带雨林中，是花朵最大的植物，被称为"世界花王"。

大花草会散发出很臭的气味。大部分动物都离它们远远的，只有一些逐臭的昆虫愿意为它们传粉。

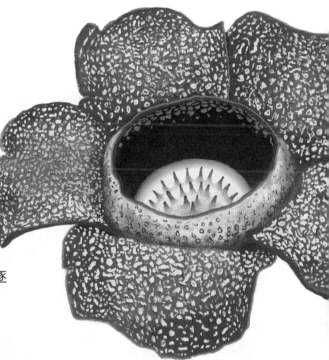

马来貘

也叫亚洲貘，是世界现存的貘类中体形最大的一种。马来貘还有一个别名，叫"四不像"。它们的耳朵像马，后腿像犀牛，身体像猪，鼻子像大象，长相奇特又有趣，看起来呆呆的。

和大熊猫一样，马来貘的身体也是黑白配色。另外，竹子也是马来貘喜欢的食物。

它们常常居住在水边，喜欢在泥里打滚。

3 欧洲后花园

非洲有着"欧洲后花园"之称。从肯尼亚山上的奇花异草，到高原上的原生多肉植物，到稀树草原干旱环境中的顽强生灵，再到热带海滨的雨林巨树，这里有丰富多样的植物资源和独一无二的动物迁徙大奇观，让非洲大陆显得格外壮丽。

角马

角马是生活在非洲草原上的大型食草动物。虽然名为"角马"，不过它们其实属于牛这一大家族。角马对环境的适应能力很强，在天敌众多的非洲草原上，群居生活能够让它们更好地生存、繁衍。每年的7~9月，成千上万的角马为了寻找水源和青草，会从坦桑尼亚的塞伦盖蒂草原向肯尼亚的马赛马拉草原迁徙。

疣猪

疣猪是非洲特有的动物之一，动画电影《狮子王》中彭彭的原型就是它们。疣猪得名于它们眼下皮肤上的一对疣突。在它们挖土觅食的时候，这对疣突可以保护它们的眼睛，但这对疣突也使它们的头部看起来更大、更狰狞。雄性疣猪的嘴边长有长獠牙（雌性的相对短许多），这是它们用来争夺配偶、互相搏斗的重要武器。

4 世界动植物王国

亚马孙热带雨林，被称为"地球之肺"，是世界上面积最大、物种最多的热带雨林。这里蕴藏着世界上最丰富多样的生物资源，有"世界动植物王国"之称。

●明星物种

角蝉

角蝉是动物界的"伪装大师"，无论是树枝、嫩叶、苔藓、粪便，还是蚂蚁，它们都可以模仿得惟妙惟肖。这一技能源于它们头顶上长着的奇形怪状的角。这个角实际上是它们隆起的前胸背板。通过伪装，它们得以在危机四伏的雨林中存活下来。

金刚鹦鹉是美洲特有的一类大型彩色鹦鹉，体长可达1米。它们的喙强而有力，可以将棕榈树坚硬的果实啄开，吃里面的种子。

然而，大部分的野生金刚鹦鹉正受到来自森林砍伐和鸟类捕猎的威胁，濒临灭绝。

5 横断山脉中的生物"聚宝盆"

　　我国的高黎贡山被称为"世界自然博物馆"和"世界物种基因库"，是横断山脉中的一颗明珠。高山峡谷复杂的地形和差异巨大的生态环境，为各种动植物的生长提供了有利的条件。

代表物种

珍贵稀有动物属国家保护的有白眉长鼻猴、云豹、金钱豹、羚牛、金雕、小熊猫、蜂猴、豚尾猴、熊猴、黑颈长尾雉等。

●明星物种

红瘰
疣螈

国家二级保护动物。疣螈常常被两栖爬行动物爱好者称为"麒麟"。其中，红瘰疣螈色彩艳丽，常被称为"火麒麟"。

金斑喙凤蝶

唯一一种被列入国家一级保护动物名录的蝴蝶。其因外形美丽、姿态优美而被称为"蝶中皇后"，在野外极其罕见。

6 传奇保护区大探险

我国的武夷山自然保护区早在 19 世纪中叶就是闻名于世的"生物模式标本产地"。100 多年来，中外生物学家已在这里发现了近 1 000 种生物新种模式标本。

●明星物种

阳彩臂金龟

国家二级保护动物。阳彩臂金龟的头面、前胸背板、小盾片呈光亮的金绿色，是我国的特有物种。

7 世界第三极

青藏高原号称"世界屋脊""世界第三极",这里的平均海拔在 4 000 米以上。独特的生态环境孕育了这里难得一见的动植物。

●明星物种

绿绒蒿

绿绒蒿　　　绿绒蒿为罂粟科绿绒蒿属植物,是滇藏高原的野生花卉,因全株披有绒毛或刚毛而得名,被誉为"高山牡丹",欧洲人更是将其推崇为"世界名花"。它们不仅具有很高的观赏价值,有些种类还可以入药。

棕尾虹雉

棕尾虹雉是典型的高山鸟类，形象非常美丽，尤其是色彩绚丽的雄鸟。它们生活在海拔 2 500 ~ 4 500 米之间，终年被云雾笼罩的高山针叶林、高山草甸和杜鹃灌丛之中。白天喜欢成群活动。是青藏高原地区的明星鸟类，也是尼泊尔的国鸟。

8 穿越古生代

湖南是我国著名的化石产地。这里有全世界最典型的寒武纪地层，此外还有大量的奥陶纪、志留纪、泥盆纪等其他地质年代的化石，为我们研究生命的演化历史提供了珍贵的材料。

●代表化石

三叶虫化石

喇叭角石

湘西虫化石

善待动植物
就是善待自己!

法律法规与动物福利

探索自然时，我们可能需要捕捉一些动物或者采集一些植物来制作标本。在进行户外探索之前，我们一定要知道哪些动植物是不能捕捉或采摘的，哪些地方是不允许捕捉野生动物的。

在我国，根据《中华人民共和国野生动物保护法》，受保护的动物分为国家重点保护野生动物和"三有"保护动物。

国家重点保护野生动物多半是稀有、濒危的大动物，还有极少数的昆虫也在此列。国家重点保护野生动物又分为国家一级保护动物和国家二级保护动物。国家一级保护动物种类很多，大的有大熊猫、亚洲象、金丝猴等，小的有金斑喙凤蝶和中华蛩蠊等。国家二级保护动物中，著名的有藏酋猴、小熊猫、拉步甲、中华虎凤蝶等，以及国家一级保护动物以外的所有猛禽。捕捉任何一种国家重点保护野生动物都是违法的。

即使是一些非常常见的动物，也不能随意捕捉，哪怕是随处可见的蟾蜍和麻雀也不行，因为它们可能是国家规定的"三有"保护动物——国家保护的有益的或者有重要经济、科学研究价值的陆生野生动物。"三有"保护动物总共有 1591 种，

很多不起眼的小动物，如麻雀等，都属于这个范畴。捕捉"三有"保护动物超过一定数量就属于犯罪行为或严重犯罪行为。

另外，我国也有很多保护植物，如著名的有珙桐、红豆杉、伯乐树、独叶草等。非法砍伐和采挖保护植物，同样会受到法律的制裁。

在世界范围内，绝大多数国家都有政府专门设立的自然保护区域。在我国，它们被称为"自然保护区"，级别最高的是国家级自然保护区，如鼎湖山国家级自然保护区、祁连山国家级自然保护区等。2021年10月12日，我国第一批国家公园名单公布，包括5座，分别是三江源国家公园、大熊猫国家公园、东北虎豹国家公园、海南热带雨林国家公园、武夷山国家公园。在国外，它们被称为"国家公园"或"保护区"。在政府专门设立的自然保护区内，除科学研究用途之外，捕捉任何动物都是违法的。

作者介绍

石探记科学家团队

石探记科学家团队由中国科学院、北京大学、南开大学、中国农业大学、北京林业大学等科研院所和高校的十几位不同领域的科学家组成。

团队不仅在北京、成都等城市设立了科学体验中心，长期组织线下科学教育活动，还开发了国内外数十条生态科考线路，包括亚马孙、马达加斯加、云南普洱等。从兴趣培养到成体系的学习，旨在把科学的种子播撒在孩子心中，保护他们的好奇心，培养他们的学习兴趣，激发他们的探索精神。

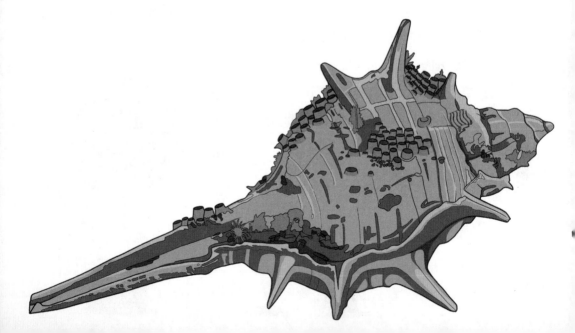

绘者介绍

白木方舟童书

　　白木方舟童书是以大连民族大学设计学院视觉传达工作室为母体的童书创作专业团队。团队以工作室多年的绘本教学研究及实践为基础，由在校生、毕业生及专业教师组成。

　　团队多年来不断培养和吸收年轻的创作力量，以创作高水准的原创童书为目标，积极探索儿童书籍的新领域。

　　　　我们用"心"做每一本童书。
　　　　愿我们的创作能带孩子们去
　　　　"发现美好，创造梦想"。

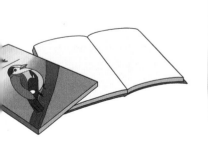

KEXUEJIA DAINI WAN ZHUAN DAZIRAN SHIJIAN PIAN: CHENGWEI ZIRAN TANXIANJIA

科学家带你玩转大自然 实践篇：成为自然探险家

出版统筹　汤文辉　　　　责任编辑　戚 浩
品牌总监　张少敏　　　　美术编辑　刘淑媛
质量总监　李茂军　　　　营销编辑　李倩雯 赵 迪
选题策划　戚 浩　　　　责任技编　郭 鹏

制 作 人　白木方舟童书　周思昊
艺术总监　周思昊
执行总监　金青松 王玲
插　　画　王玲 林子翔 薛佳琳 胡慧玲 聂淑歌
　　　　　王盈君 郑涵 封孝伦 王子睿 杜文迪 任洁琪
装帧设计　金青松

图书在版编目（CIP）数据

科学家带你玩转大自然 . 实践篇：成为自然探险家 / 石探记
科学家团队著；白木方舟童书绘 . -- 桂林：广西师范大学出版社，
2023.6

ISBN 978-7-5598-4487-3

Ⅰ . ①科… Ⅱ . ①石… ②白… Ⅲ . ①自然科学 - 青少年
读物 Ⅳ . ① N49

中国版本图书馆 CIP 数据核字（2021）第 247875 号

广西师范大学出版社出版发行

社　　　址　广西桂林市五里店路 9 号
邮政编码　541004
网　　　址　http://www.bbtpress.com
出 版 人　黄轩庄
经　　　销　全国新华书店
印　　　刷　北京博海升彩色印刷有限公司印刷
（北京市通州区中关村科技园通州园金桥科技产业基地环宇路 6 号
邮政编码：100076）
开　　　本　710 mm×1 000 mm　1/16
印　　　张　5.75
字　　　数　60 千字
版　　　次　2023 年 6 月第 1 版
印　　　次　2023 年 6 月第 1 次印刷
定　　　价　88.00 元（全 2 册）

观察对象

日期

天气

地点

观察对象

日期

天气

地点

观察对象

日期

天气

地点

观察对象

日期

天气

地点

观察对象

日期

天气

地点

观察对象

日期

天气

地点

观察对象

日期

天气

地点

观察对象

日期

天气

地点

观察对象

日期

天气

地点

观察对象

日期

天气

地点

观察对象

日期

天气

地点

观察对象

日期

天气

地点

观察对象

日期

天气

地点

观察对象

日期

天气

地点

观察对象

日期

天气

地点

观察对象

日期

天气

地点

日期	地点
天气	观察对象

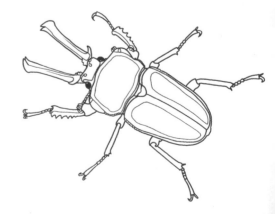

日期	地点
天气	观察对象

日期	地点
天气	观察对象

日期	地点
天气	观察对象

日期		地点	
天气		观察对象	

日期	地点
天气	观察对象

日期	地点
天气	观察对象

日期	地点
天气	观察对象

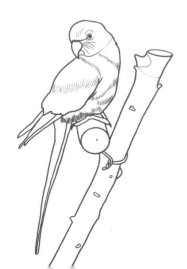

日期	地点
天气	观察对象

日期	地点
天气	观察对象

日期	地点
天气	观察对象

日期	地点
天气	观察对象

日期	地点
天气	观察对象

日期	地点
天气	观察对象

日期	地点
天气	观察对象

日期	地点
天气	观察对象

日期	地点
天气	观察对象

日期	地点
天气	观察对象

日期	地点
天气	观察对象

日期	地点
天气	观察对象

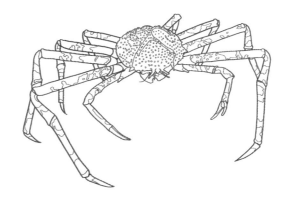

日期	地点
天气	观察对象

日期	地点
天气	观察对象

日期		地点	
天气		观察对象	

日期	地点
天气	观察对象

日期		地点	
天气		观察对象	

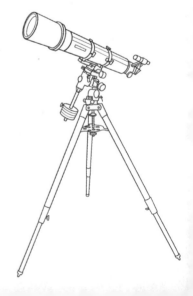

日期	地点
天气	观察对象

日期	地点
天气	观察对象

日期	地点
天气	观察对象

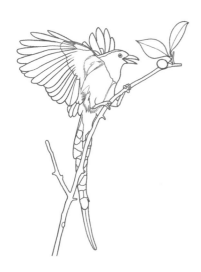

日期	地点
天气	观察对象

日期	地点
天气	观察对象